PROJETO
MÚLTIPLO

Geografia
Ensino Médio
MAPAS DE APOIO AO LIVRO-TEXTO

João Carlos Moreira e Eustáquio de Sene

editora scipione

Diretoria editorial: Lidiane Vivaldini Olo
Editoria de Ciências Humanas: Heloísa Pimentel
Editora: Francisca Edilania B. Rodrigues; Thamirys Genova (estag.)
Supervisor de arte e produção: Sérgio Yutaka
Supervisor de arte e criação: Didier Moraes
Coordenadora de arte e criação: Andréa Dellamagna
Editor de arte: Yong Lee Kim
Diagramação: Walmir Santos
Design gráfico: UC Produção Editorial,
Andréa Dellamagna (miolo e capa) e Rafael Leal
Gerente de revisão: Hélia de Jesus Gonsaga
Equipe de revisão: Rosângela Muricy (coord.), Ana Paula Chabaribery
Malfa, Célia Carvalho, Gabriela Macedo de Andrade e
Patrícia Travanca; Flávia Venézio dos Santos (estag.)
Supervisor de iconografia: Sílvio Kligin
Tratamento de imagem: Cesar Wolf e Fernanda Crevin
Foto da capa: Pete Ryan/National Geographic/Getty Images
Grafismos: Shutterstock/Glow Images
(utilizados na capa e aberturas de capítulos e seções)
Cartografia: Allmaps

Direitos desta edição cedidos à Editora Scipione S.A.
Av. das Nações Unidas, 7221, 3º andar, setor D
Pinheiros – São Paulo – SP
CEP 05425-902
Tel.: 4003-3061
www.scipione.com.br / atendimento@scipione.com.br

Dados Internacionais de Catalogação na Publicação (CIP)
(Câmara Brasileira do Livro, SP, Brasil)

Moreira, João Carlos
  Projeto Múltiplo : geografia, volume único :
partes 1, 2 e 3 / João Carlos Moreira,
Eustáquio de Sene. -- 1. ed. -- São Paulo :
Scipione, 2014.

  1. Geografia (Ensino médio) I. Sene, Eustáquio de.
II. Título.

14-06251   CDD-910.712

Índice para catálogo sistemático:
1. Geografia : Ensino médio 910.712

2023
ISBN 978 85 262 9396-0 (AL)
ISBN 978 85 262 9397-7 (PR)
Código da obra CL 738776
CAE 502764 (AL)
CAE 502787 (PR)
1ª edição
9ª impressão

Impressão e acabamento: Gráfica Eskenazi

Apresentação

O **mapa** é um instrumento fundamental no processo de aprendizagem da Geografia e na compreensão do mundo pela óptica dessa disciplina escolar.

Com este atlas você poderá complementar e aprofundar seus conhecimentos cartográficos e geográficos sobre vários temas estudados ao longo do livro *Geografia – Projeto Múltiplo*.

Neste material, encontram-se alguns mapas que não foram apresentados no livro e outros que foram ampliados para aumentar o grau de detalhamento das informações cartografadas e permitir melhor visualização.

Você poderá usar este atlas de forma interativa e contextualizada ao livro-texto. Também poderá consultá-lo sempre que tiver dúvidas sobre um tema, quiser localizar uma cidade, um país ou algum elemento natural da paisagem e compreender melhor as relações entre as informações socioespaciais.

Sumário

Planisfério político 6

Planisfério físico 8

Mundo: sistemas políticos 10

Mundo: renda *per capita* 12

Poder econômico das transnacionais 13

Megacidades e cidades globais 14

Obesidade no mundo 15

África: imperialismo europeu antes da Primeira Guerra 16

África: territórios dos Estados atuais 17

América do Sul: físico 18

América do Sul: eventos naturais 19

Brasil: político 20

Brasil: densidade demográfica – 2010 21

Brasil: Produto Interno Bruto – 2009 22

Brasil: uso da terra 22

Brasil: regiões geoeconômicas (uso do território) 23

Brasil: unidades da Federação 24

Vista de 2009 do planeta Terra feita a partir de imagens obtidas pelo satélite NOAA (Nasa).

NASA/GSFC

Planisfério político

* O Kosovo declarou independência da Sérvia em 2008, mas não é membro da ONU. Segundo o Ministério das Relações Exteriores da República do Kosovo, até o final de 2012, 96 países tinham reconhecido sua independência, entre os quais Alemanha, Japão e três membros permanentes do Conselho de Segurança da ONU – Estados Unidos, Reino Unido e França. Entre os países que não a reconheceram estão Brasil, Espanha e dois membros do CS da ONU – Rússia e China.

** O Sudão do Sul separou-se do Sudão em 9 de julho de 2011 e no dia 14 do mesmo mês foi admitido como membro da ONU.

*** Em 2014, em referendo que obteve 96,8% dos votos favoráveis, a população da Crimeia aprovou a separação desse território da Ucrânia e a reintegração à Rússia, a quem pertenceu até 1954. A situação é tensa na região porque na prática a Crimeia foi anexada pela Rússia. Esse ato foi condenado pela União Europeia e pelos Estados Unidos e esse novo *status* territorial não foi reconhecido pela ONU nem por seus Estados-membros.

Adaptado de: *Atlas geográfico escolar*. 6. ed. Rio de Janeiro: IBGE, 2012. p. 32; United Nations. *Member States*. New York, 2014. Disponível em: <www.un.org/en/members>. Acesso em: 4 jun. 2014.

Planisfério físico

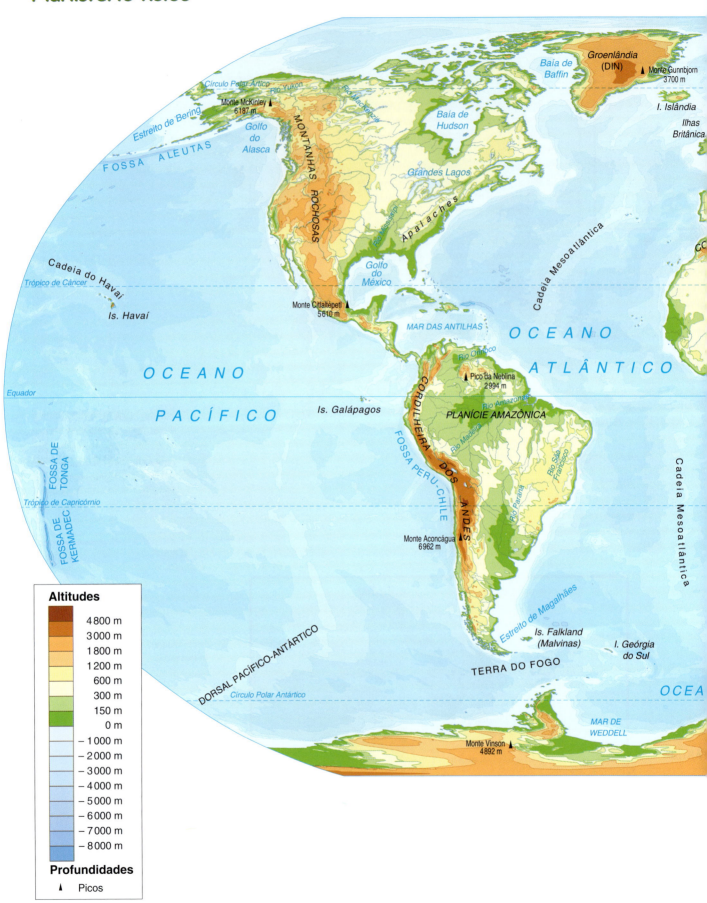

Adaptado de: *Atlas geográfico escolar*. 6. ed. Rio de Janeiro: IBGE, 2012. p. 33.

Mundo: sistemas políticos

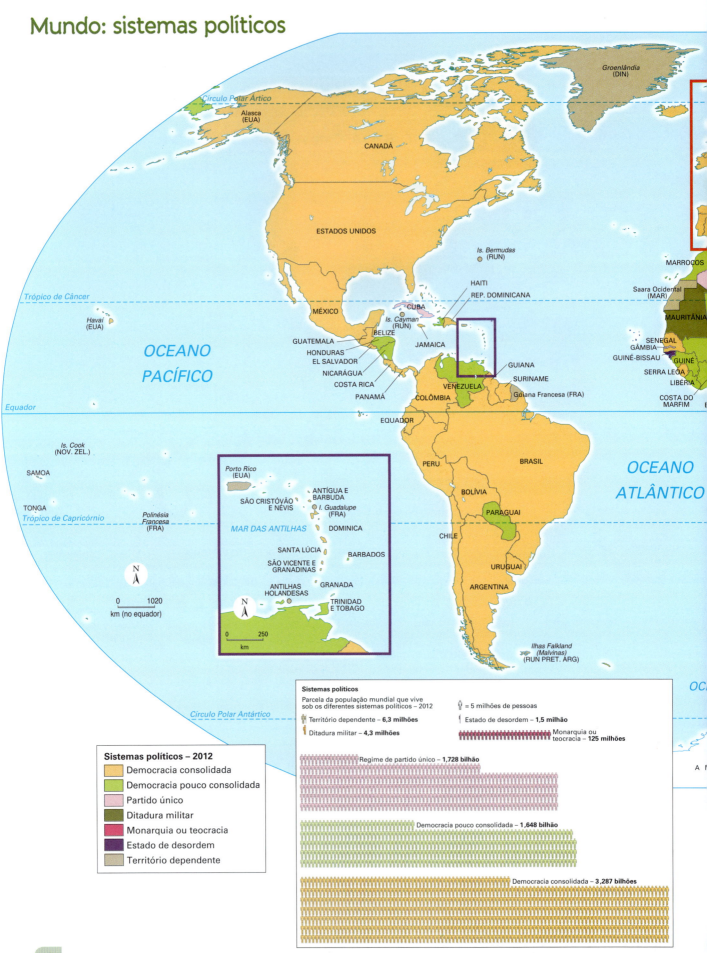

Adaptado de: SMITH, Dan. *The State of the World Atlas.* 9. ed. London: Penguin Books, 2012. p. 76-77.

11

Mundo: renda per capita

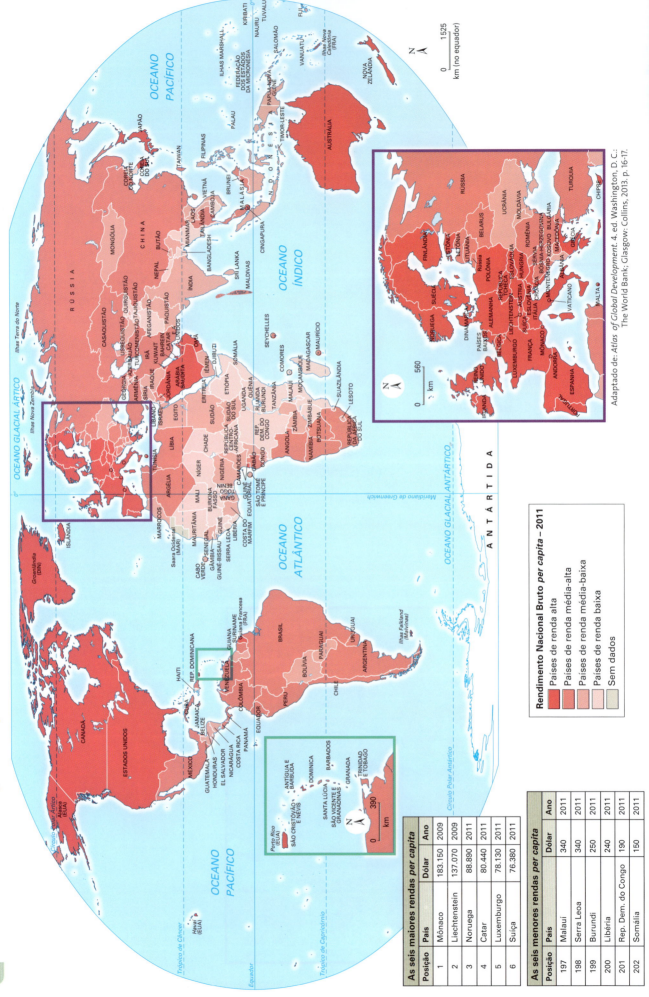

Poder econômico das transnacionais

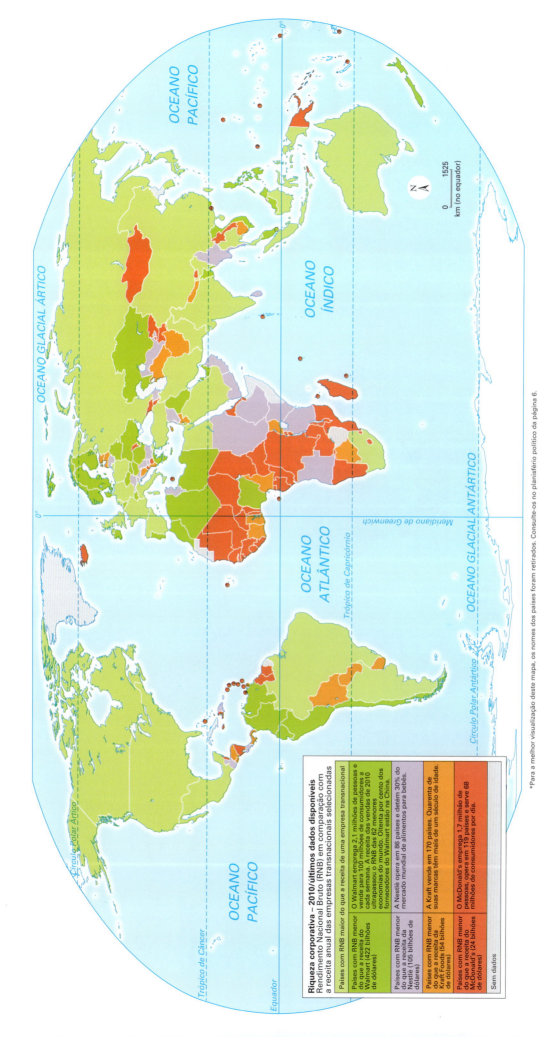

Adaptado de: SMITH, Dan. *The State of the World Atlas*. 9. ed. London: Penguin Books, 2012. p. 44-45.

Megacidades e cidades globais

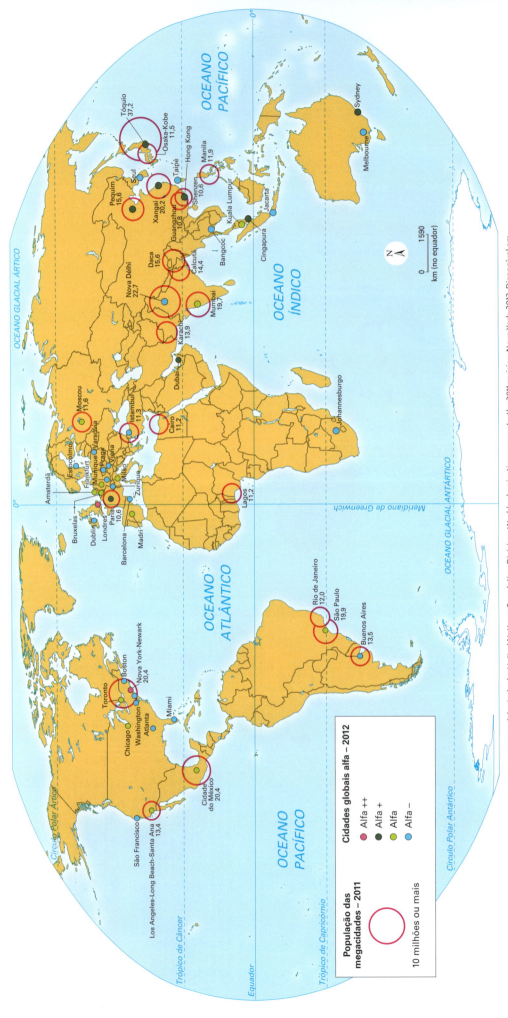

Obesidade no mundo

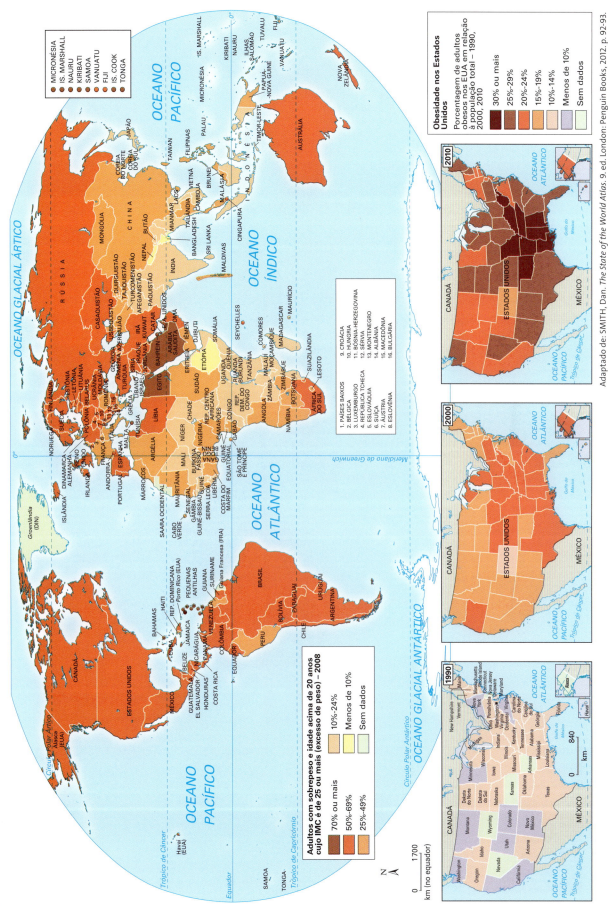

África: imperialismo europeu antes da Primeira Guerra

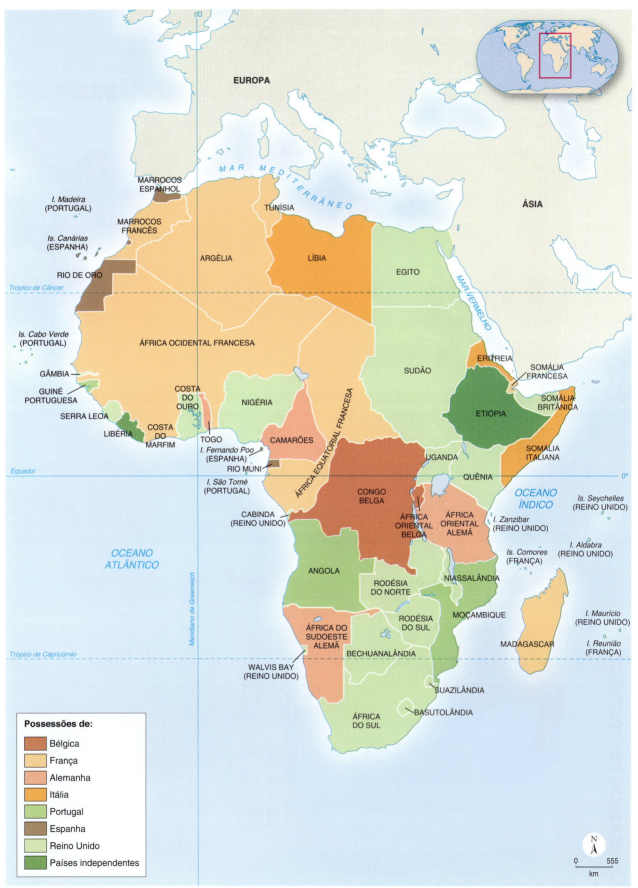

Adaptado de: *World development report 2009*. Washington, D.C.: The World Bank, 2009. p. 284.

África: territórios dos Estados atuais

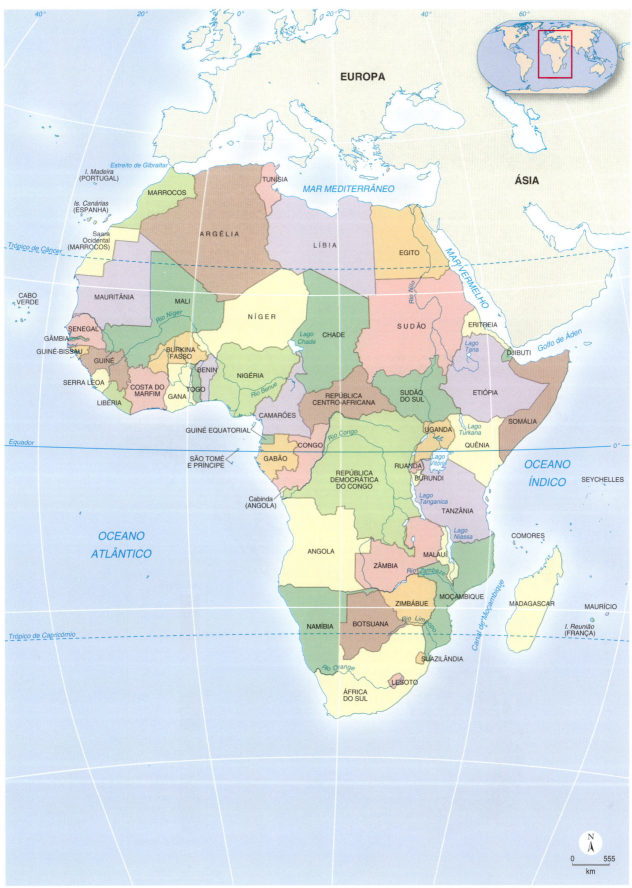

Adaptado de: *Atlas geográfico escolar*. 6. ed. Rio de Janeiro: IBGE, 2012. p. 45.

América do Sul: físico

Adaptado de: *Atlas geográfico escolar*. 6. ed. Rio de Janeiro: IBGE, 2012. p. 40.

América do Sul: eventos naturais

Adaptado de: *National Geographic Visual of the World Atlas*. Washington, D.C.: National Geographic, 2009. p. 130.

Brasil: político

Adaptado de: Atlas geográfico escolar. 6. ed. Rio de Janeiro: IBGE, 2012. p. 90.

Brasil: densidade demográfica – 2010

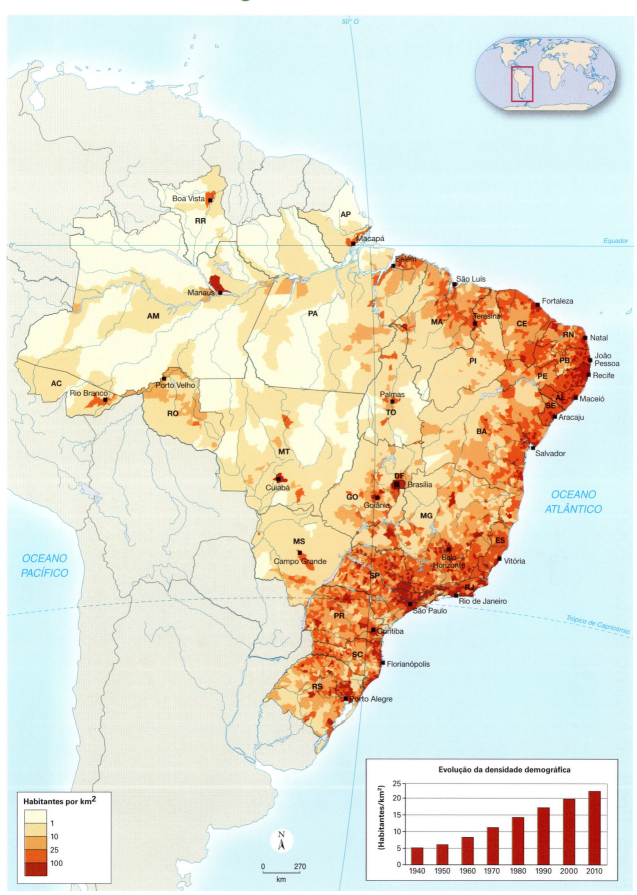

Adaptado de: *Atlas geográfico escolar*. 6. ed. Rio de Janeiro: IBGE, 2012. p. 114.

Brasil: Produto Interno Bruto – 2009

Brasil: uso da terra

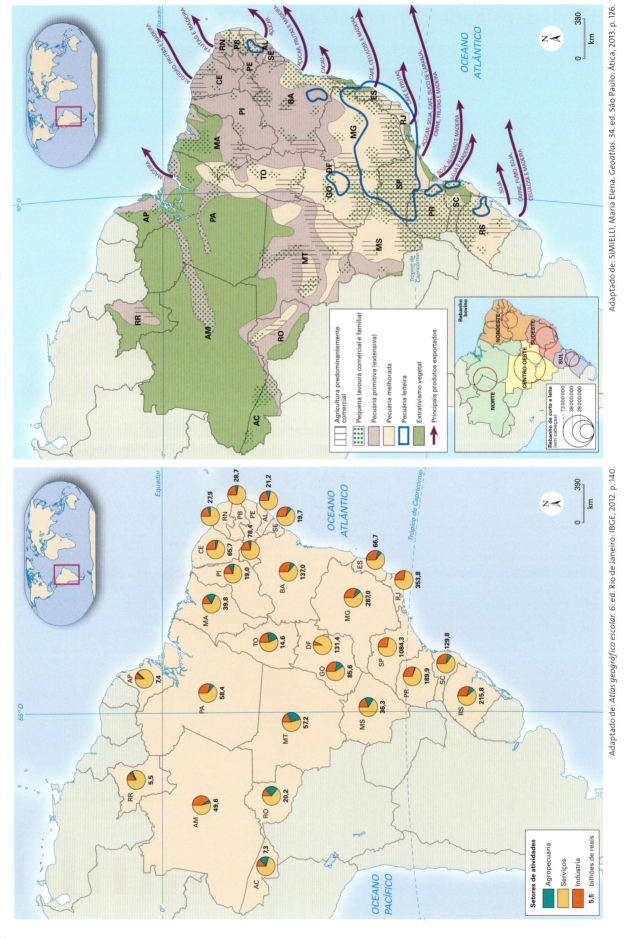

Brasil: regiões geoeconômicas (uso do território)

Adaptado de: *Atlas geográfico escolar*. 6. ed. Rio de Janeiro: IBGE, 2012. p. 152.

Brasil: unidades da Federação

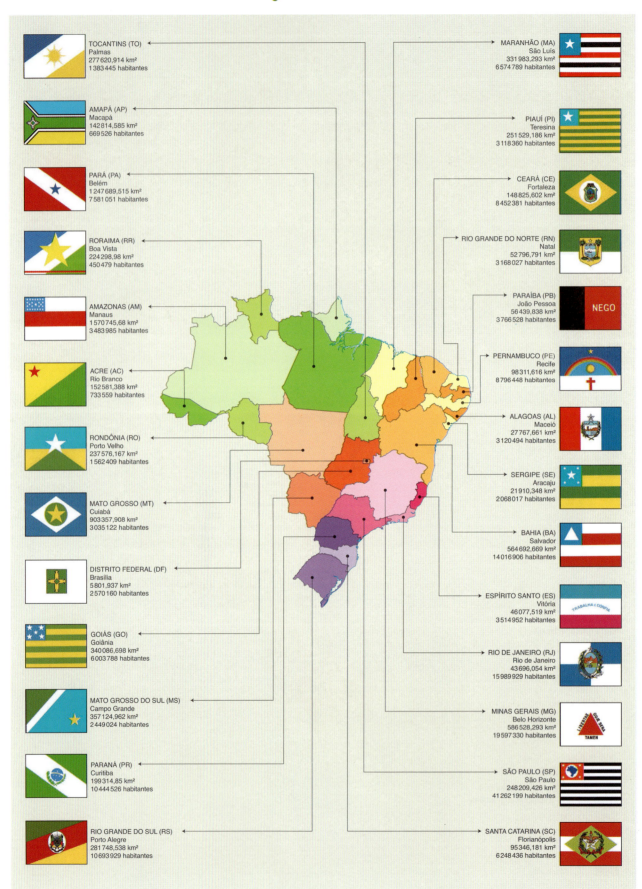

Adaptado de: *Atlas geográfico escolar*. 6. ed. Rio de Janeiro: IBGE, 2012. p. 154.